U0803977

配电网工程施工工艺手册

配电站房

国网湖南省电力有限公司　组编

中国电力出版社
CHINA ELECTRIC POWER PRESS

内 容 提 要

《配电网工程施工工艺手册》共有《配电台区》《架空线路》《电缆线路》《配电站房》4个分册。

本书为《配电站房》分册，共有户外设备，开关站、配电室2章，详细规范了10kV及以下配电网箱式变电站、环网箱、开关站、配电室的土建及设备安装等标准施工做法。

本书可供配电网施工人员和技术管理人员参考使用。

图书在版编目（CIP）数据

配电网工程施工工艺手册. 配电站房 / 国网湖南省电力有限公司组编. — 北京: 中国电力出版社, 2020.5(2024.1重印)

ISBN 978-7-5198-4277-2

Ⅰ. ①配… Ⅱ. ①国… Ⅲ. ①配电系统－工程施工－手册 Ⅳ. ① TM727-62

中国版本图书馆CIP数据核字（2020）第026841号

出版发行：中国电力出版社
地　　址：北京市东城区北京站西街19号（邮政编码100005）
网　　址：http://www.cepp.sgcc.com.cn
责任编辑：肖　敏（010-63412363）
责任校对：黄　蓓　朱丽芳
装帧设计：张俊霞
责任印制：石　雷

印　　刷：北京锦鸿盛世印刷科技有限公司
版　　次：2020年5月第一版
印　　次：2024年1月北京第四次印刷
开　　本：880毫米×1230毫米　32开本
印　　张：2
字　　数：42千字
印　　数：5001—5500册
定　　价：22.00元

编委会

编写组

前　言

为建设结构合理、安全可靠、经济高效的高质量现代配电网，落实国家电网有限公司配电网标准化建设工艺“一模一样”工作要求，有效规范配电网施工检修标准，促进工艺水平的全面提升，国网湖南省电力有限公司特组织专家骨干编写了《配电网工程施工工艺手册》。

本手册全面覆盖配电网工程建设，共有《配电台区》《架空线路》《电缆线路》《配电站房》4 个分册。

本册为《配电站房》分册，共有户外设备，开关站、配电室 2 章，详细规范了 10kV 及以下配电网箱式变电站、环网箱、开关站、配电室的土建及设备安装等标准施工做法。本册参考了《配电网施工检修工艺规范》《国家电网公司配电网工程典型设计（2016 年）湖南省电力公司实施方案》等相关技术标准、规范及导则。

本册图文并茂、内容全面、实用性强，可供各级配电网施工人员和技术管理人员参考使用。

由于编者水平有限，书中难免有疏漏和不足之处，敬请读者批评指正。

编　者

2020 年 4 月

目录 Contents

前言

1 户外设备 CHAPTER 1

◎ 1.1 土建施工 …… 2
◎ 1.2 箱式变电站安装 …… 8
◎ 1.3 环网箱安装 …… 12
◎ 1.4 箱式变电站、环网箱柜体封堵及防凝露 …… 15
◎ 1.5 箱式变电站、环网箱接地装置安装 …… 17
◎ 1.6 环网箱、箱式变电站标识 …… 21

2 开关站、配电室 CHAPTER 2

◎ 2.1 开关站、配电室土建施工 …… 26
◎ 2.2 开关柜安装 …… 33
◎ 2.3 变压器安装 …… 40
◎ 2.4 保护装置及二次线安装 …… 46
◎ 2.5 开关站、配电室接地装置安装 …… 50
◎ 2.6 开关站、配电室标识 …… 54

CHAPTER 1

1
户外设备

1.1 土建施工

▶▶ 1.1.1 基础开挖

（1）箱式变电站、环网箱基础须独立运行，禁止设立在排水或天然气等管道附近；并核对地表土质、水情，判断地下水位状态和相关管线走向；开挖前应清除地基土上垃圾、泥土等杂物，雨季施工时应做好防水及排水措施，不得有积水。基础全景如图1-1所示。

图 1-1 基础全景

（2）校核现场地形。基础底板应按照设计的尺寸和坑深，考虑不同土质的边坡与操作宽度，对基坑进行地面放样（一般用白粉划线，并沿白粉线挖深约100~150mm）。

（3）基坑一般宜采用人工分层均匀开挖（可采用机械）；开挖时，根据不同的土质适当放边坡；先确定基面后，再进行基坑的开挖；每开挖 1000mm 左右即应检查边坡的斜度，随时纠正偏差；应尽量做到坑底平整；基坑挖好后，应及时进行下道工序的施工。基础开挖如图 1–2 所示。

图 1–2　基础开挖

（4）基坑深度允许偏差为 –50~100mm；同一基坑深度应在允许偏差范围内，并进行基础平整。操作人员在操作时应保持足够间距，以防间距过小在挥锹时发生互相伤害事故；避免野蛮施工对市政工程造成破坏。

►► 1.1.2　基础浇筑

（1）基础预埋及孔洞预留应符合设计要求。应对基础受力层进行检查；施工中应排除积水，清除淤泥，疏干坑底。

（2）箱体尺寸 $L \times B$（长 × 宽）以供货厂家提供的尺寸为准。环网箱基础剖面如图 1–3 所示。

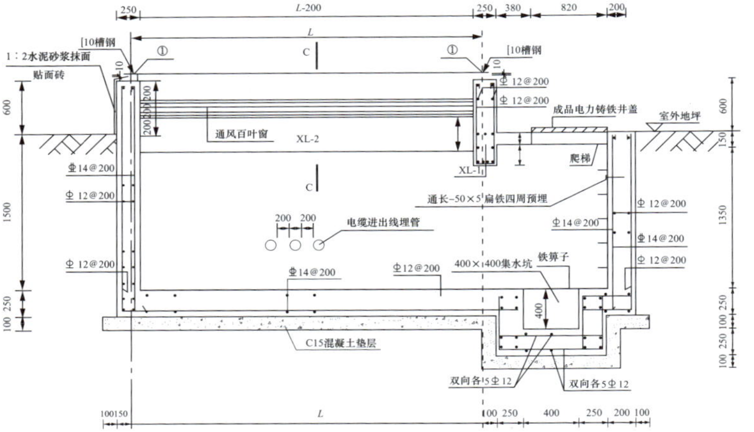

图 1-3　环网箱基础剖面图

（3）混凝土垫层在基坑验收后立即灌注，基础垫层混凝土强度等级为 C15，结构混凝土强度等级为 C25，外露部位贴瓷砖，规格、颜色与箱体配合协调；拆除模板养护时，非承重构件混凝土强度达到 1.2MPa 且构件不得缺棱掉角方可拆除模板。混凝土外露表面不应脱水，普通混凝土养护时间不少于 7 天；拆除模板后应对设备基础进行水平及平整度测量验收，并对埋入基础电缆导管进、出线的预留孔及相关预埋件进行检查。

（4）砖砌筑时应做好吊垂工作；砖砌时对砌砖应提前 1~2 天浇水湿润，对烧结普通砖使其含水率达 10%~15%；对灰砂砖、粉煤灰砖使其含水率达 5%~8%。

（5）排水必须设置集水井汇集雨水，采用自流式渗流或有组织排水；自流式渗流排水，渗透孔直径不小于 400mm，深度不小于 400mm，孔内先铺设 200mm 厚砂，再铺设 200mm 厚碎石。有组织排水，经地下设置的排水暗管至窨井，然后有组织将水排至附近市政雨水管网中。集水井如图 1–4 所示。

图 1–4　集水井

（6）电缆进、出线埋管方向和数量应按实际情况确定，所有线管穿混凝土结构处设置防水套管，套管与线管间填充沥青、麻丝及防水材料进行密封。

（7）箱式变电站宜装设防护围栏，护栏与箱体外壳间的距离确保箱体门打开不小于 90°。

（8）基础需高出基准平面 500mm，并采取开窗通风防潮措施，通风窗采用 2mm 厚钢板冲压百叶窗，百叶窗孔隙不大于 10mm，外框为 L25mm × 25mm × 4mm，通风窗尺寸为 300mm × 150mm。通风窗如图 1–5 所示。

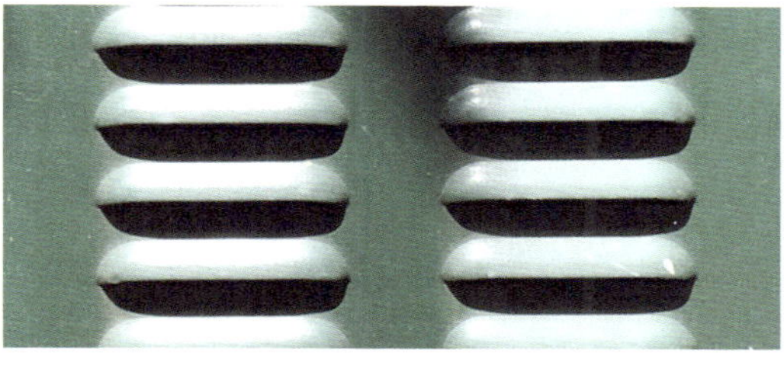

图 1–5　通风窗

（9）表面装饰瓷砖套割吻合，边缘整齐，粘贴牢固，无空鼓，表面平整、洁净、色泽一致，无裂痕和缺损。裂缝应平滑一致。瓷砖破坏强度不小于 1300N。垂直度不大于 3mm。平整度不大于 2mm。阴阳角方正不大于 2mm。接缝直线度不大于 3mm。接缝高低差不大于 1mm。表面装饰物如图 1–6 所示。

图 1–6　表面装饰物

►► 1.1.3　铁件预埋

（1）预埋铁件包括爬梯、电缆支架、基础槽钢。先预埋锚固钢筋，再焊上固定槽钢框，对预埋件轴线位置、标高、平整度进行定位、校核，将误差值控制在允许范围内：基础预留铁件水平误差小于 1mm/m，全长水平误差小于 5mm。基础预留铁件不直度误差小于 1mm/m、全长不直度误差小于 5mm；基础预留铁件（型钢）位置误差及不平行度全长小于 5mm，切口应无卷边、毛刺；焊口应饱满，无虚焊现象。电缆固定支架高低偏差不大于 5mm，支架应焊接牢固，无显著变形。下基础处须安装爬梯，爬梯位置应根据供货厂家提供的活动底板位置确定，钢爬梯涂刷红丹两道、面漆两道。预埋铁件如图 1–7 所示。

图 1–7　预埋铁件

（2）预埋铁件安装后应及时进行防腐处理。涂漆前应将焊接药皮去除干净，漆层涂刷均匀；预埋铁件及支架刷防锈漆，涂刷均匀，无漏点；对电缆固定支架焊接处进行面漆补刷；对于湿热、盐雾以及有化学腐蚀地区时，应根据设计作特殊的防腐处理。预埋件防腐如图 1–8 所示。

图 1–8　预埋件防腐

1.2 箱式变电站安装

▶▶ 1.2.1 箱式变电站检查

查验合格证和出厂试验记录。核对变压器铭牌技术数据，对本体及附件外观检查无损伤及变形、绝缘件无缺损和裂纹、充油部分不渗漏、充气高压设备气压指示正常、涂层完整。箱式变电站全景如图 1–9 所示。

图 1–9 箱式变电站全景

▶▶ 1.2.2 箱式变电站吊装及基础防水

箱式变电站安装前，确保基础标高、尺寸、结构及预埋件焊件强度等均符合安装要求。

箱式变电站吊装应采用专用吊具底部起吊，起吊安装时不应变形或损坏。箱式变电站水平安放在事先做好的基础上，设备与基础接口处须用沥青填缝，再用水泥密封好，以免雨水进入基础。

箱体安装应牢固可靠，完好无损；垂直允许偏差不大于1.5mm/m，水平允许偏差不大于1mm/m，宜采用螺栓固定，且防松零件齐全。箱式变电站吊装如图1–10所示。

图1–10 箱式变电站吊装

▶▶ 1.2.3 电缆安装工艺

电缆接线端子外露部位应进行绝缘处理。户外引入设备接线箱的电缆应有保护和固定措施，采用与电缆匹配的固定夹具；进入环网单元的三芯电缆用电缆卡箍固定在高压套管的正下方，电缆从基础下进入环网单元时应有足够的弯曲半径，能够垂直进入，电缆各相线芯应垂直对称。电缆与穿管之间的缝隙应密封防水。接线端子如图1–11所示。

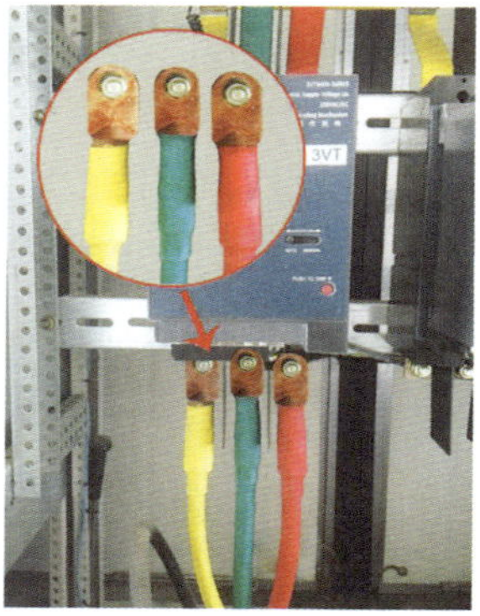

图 1-11　接线端子

▶▶ 1.2.4　母排安装

母排连接用的螺栓贯穿方向应是由下向上、由后向前、由左向右，在其余的情况下，螺母安装于维护侧，螺栓直径按小于连接孔 1~1.5mm 尺寸选择，绝不允许超过螺栓本身直径或缩进螺母内，螺栓的两侧都要有相应平垫片，平垫片的光洁表面朝外，相邻螺栓的垫圈应有 3mm 以上的净距，以防止引起发热，螺母侧要加“两平一弹”垫片。“两平一弹”垫片如图 1-12 所示。

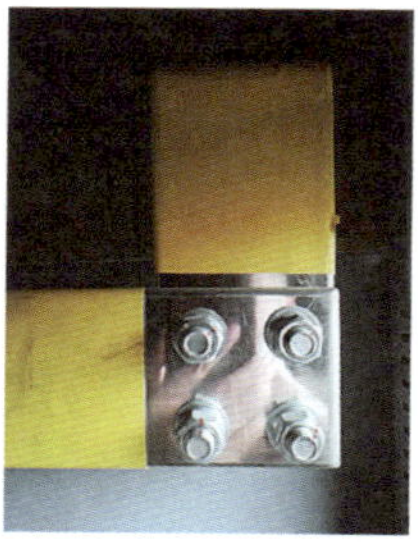

图 1-12　“两平一弹”垫片

▶▶ 1.2.5 设备主接线图制作安装

箱式变电站内部应安装主接线图标识。主接线图安装位置：左侧第一个门的背侧，高度为底部 3/4 柜门高并居中。标识牌尺寸为 210mm × 297mm，宜使用铝合金或铜牌铆接安装并激光刻痕打印。柜门接线如图 1–13 所示。

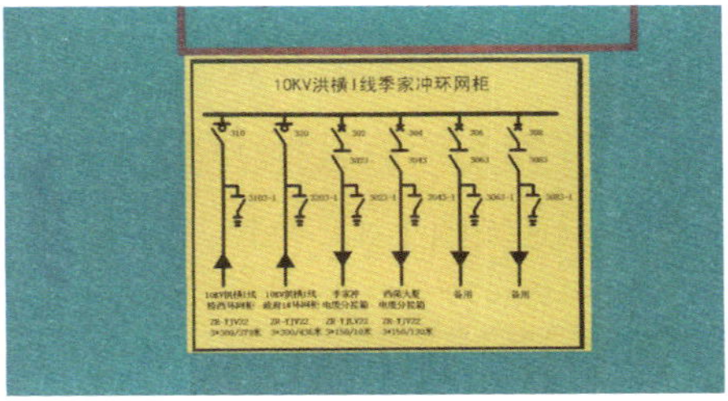

图 1–13 柜门接线图

1.3 环网箱安装

▶▶ 1.3.1 环网箱检查

查验环网箱的合格证和随带技术文件及环网箱出厂试验记录；箱体各平面内外应该平整清洁、无裂纹、无划痕、无变形，门应有密封措施。环网箱全景如图 1–14 所示。

图 1–14 环网箱全景

环网箱内开关柜的型号、规格符合设计及使用要求。外观检查完好，绝缘器件无损坏。活动部件动作灵活、可靠，传动装置动作正确。指示灯无损坏且相对应。柜体的安装牢固、平正，组合排列处应整齐、美观；充气柜气压在正常范围内，且安装时间内气压无变化。环网箱内部如图 1–15 所示。

图 1-15　环网箱内部

DTU 接口采用航空插头或端子排的连接方式，航空接插件电流接口有防开路设计。DTU 具备接收状态监测、备自投、继电保护等其他装置数据的通信接口，DTU 核心单元具备接收线损模块至少含 4 个可复用的 RS232/RS485 通信接口。

▶▶ 1.3.2　环网箱安装

环网箱安装前，确保基础标高、尺寸、结构及预埋件焊件强度等均符合安装要求。

环网箱安装应采用专用吊具底部起吊。起吊安装时不应变形或损坏。环网箱水平安放在事先做好的基础上，设备与基础接口处须用沥青填缝，再用水泥密封好，以免雨水进入基础。

柜体安装应牢固可靠，完好无损；垂直允许偏差不大于 1.5mm/m，水平允许偏差不大于 1mm/m，宜采用螺栓固定，且防松零件齐全。柜体底部牢固可靠如图 1-16 所示。

图 1-16　柜体底部牢固可靠

电缆从基础下进入环网箱时应符合电缆弯曲半径要求，能够垂直进入，减少应力；进入环网箱的三芯电缆用电缆卡箍固定在高压套管的正下方。尽量使电缆各相线芯垂直对称，不扭曲、分支手套尽量靠下安装，电缆卡箍位置也尽量靠下。

传动机构系统应灵活、动作正确到位、指示正确、试操作不少于三次。环网箱各间隔开关应采用“分、合、接地”三工位开关，且应能可靠闭锁。环网箱应满足防止误合（分）断路器，防止带电拉（合）隔离开关，防止带电挂接地线，防止有接地线送电，防止误入带电间隔五防五防要求。

箱体安装后，应有足够的操作、巡视距离及平台。箱体安装位置满足防外力碰撞和消防要求。

1.4 箱式变电站、环网箱柜体封堵及防凝露

在孔洞、盘柜底部铺设厚度为 10mm 的防火板，在孔隙口及电缆周围采用防火堵料进行密实封堵，电缆周围的堵料厚度不小于 20mm。堵料封堵应严密牢固，无漏光、漏风裂缝和脱漏现象，表面光洁平整。电缆封堵如图 1–17 所示。

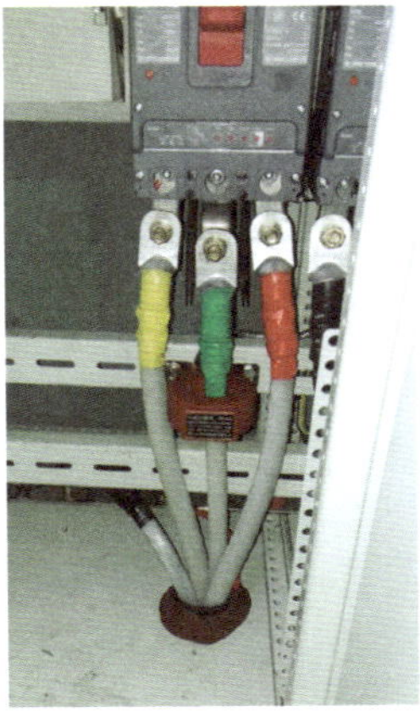

图 1–17　电缆封堵

电缆孔需采用防火堵料或封堵器进行封堵；在箱式变电站、环网箱底部安装防火保温隔板，并在其表面预先涂刷一遍防水胶，粘贴一层网格布，然后在网格布表面再涂刷防水胶，以增强防火保温隔板强度，防水胶干后涂刷防火漆。完毕后进行检查。防凝露施工示意如图 1–18 所示。

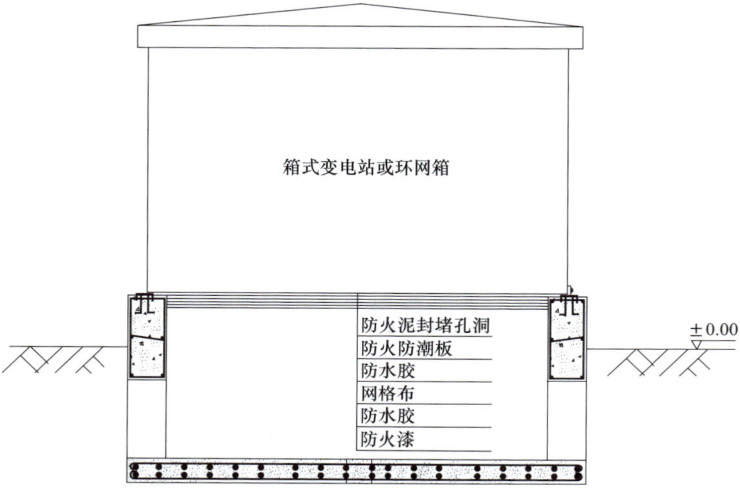

图 1-18 防凝露施工示意图

1.5 箱式变电站、环网箱接地装置安装

►► 1.5.1 箱柜接地

（1）箱柜的金属框架及基础型钢必须接地（PE）或接零（PEN）可靠；装有电器的可开启门和框架的接地端子间应用编织软铜线连接，编织软铜线截面积不应小于 $4mm^2$，还应满足机械强度的要求，并做好标识。箱柜接地网连接可靠，接地线规格正确，防腐层完好，标志齐全明显。接地线配置应整齐一致。开启门和框架的接地连接如图 1–19 所示。

图 1–19　开启门和框架的接地连接

（2）箱体外镀锌接地扁铁的弯曲不能采用热处理，弯曲半径应符合规程要求，弯曲部位无裂痕、无变形。接地扁钢应刷漆，颜色为黄绿相间，其顺序为：从左向右先黄后绿，从里向外为先黄后绿。箱体外接地引线如图 1–20 所示。

图 1–20　箱体外接地引线

▶▶ 1.5.2　设备接地

（1）箱式变电站的变压器中性点、变压器外壳、避雷器下桩头等均应分别直接接地。箱式变电站低压柜内接地的高度一致，朝向应尽可能一致。

（2）电缆头接地。接地要可靠安装在箱式变电站、环网箱上的屏蔽型的电缆 T 型连接头，要用专用的接地环和接地线固定接地，并保证接入箱式变电站、环网箱的接地网中。电缆头接地如图 1–21 所示。

图 1-21　电缆头接地

▶▶ 1.5.3　垂直接地装置安装

（1）箱式变电站、环网箱接地装置统一采用垂直接地装置，接地电阻不大于 4Ω，如一组接地无法符合要求，须适当增加接地极数量。

（2）按照设计或规范要求采用镀铜垂直接地棒作为垂直接地主材，其直径不应小于 14.2mm，其长度不应小于 1200mm/ 根，其表层镀铜厚度不应小于 0.254mm。

（3）最底部的一根镀铜垂直接地棒的下端应安装生铁材质的尖端头以助其打入更深的地下。最上端的一根镀铜垂直接地棒应安装生铁材质驱动头以防止棒体在向下冲压时变形。

（4）镀铜垂直接地棒的外螺纹与黄铜连接管的内螺纹之间应拧紧并充分接触黏合，必要时可事先填入导电膏填满其间的缝隙。打入镀铜垂直接地棒时，操作时必须手扶棒体以控制其晃动幅度在 5° 以内。

（5）垂直接地体最顶端的一根镀铜垂直接地棒（或其引出线）应在断接卡以下部位与设备接地线采用焊接的方式进行有效连接，搭接长度和焊接方式应符合规定。垂直接地体应在地下与水平接地网采用焊接的方式进行有效连接，搭接长度和焊接方式应符合规定，接头部位应做防腐处理。垂直接地装置如图 1–22 所示。

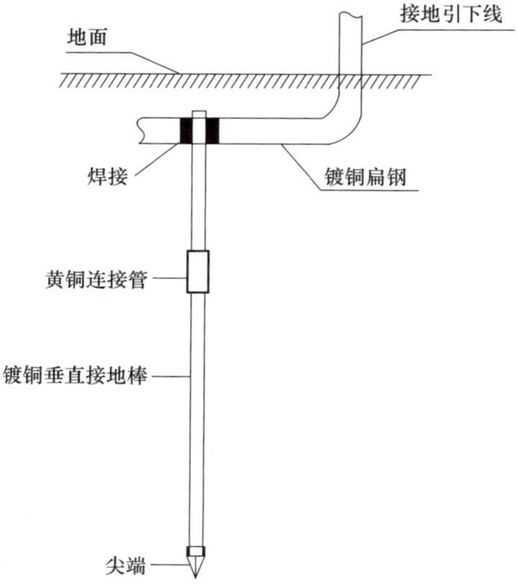

图 1–22　垂直接地装置

1.6 环网箱、箱式变电站标识

环网箱进出线间隔、箱式变电站进线屏及出线开关需标识电缆起止位置、规格、长度，进线屏及出线开关标识如图 1–23 所示。

图 1–23 进线屏及出线开关标识

箱式变电站、环网箱箱体内电缆终端标识牌绑扎在电缆终端头处，并加装相序标识。电缆终端头标识牌如图 1–24 所示。

电缆终端头标识牌

线路名称	________	产品型号	________
施工单位	________	运维单位	________
生产厂家	________	投运时间	________

图 1-24 电缆终端头标识牌

箱式变电站、环网箱箱体上应粘贴“止步、高压危险”警示牌。警示牌示意如图 1-25 所示。

图 1-25 警示牌示意图

箱式变电站、环网箱应在巡视通道侧柜体明显处安装设备名称标识牌。名称标识牌基本型式为矩形，尺寸为 320×260mm，名称标识牌应采用白底红字。标识牌采用铝合金板制作，柔软、韧性好、不断裂、不变色。名称标识牌应具有防水、防腐、耐候功能。名称标识外观图和环网柜（带标识）如图 1-26 和图 1-27 所示。

图 1-26　标识外观图

图 1-27　环网柜（带标识）图

CHAPTER 2

2
开关站、配电室

2.1 开关站、配电室土建施工

▶▶ 2.1.1 施工前现场勘查

土建施工前查清地基开挖部位的地质情况，根据设计图纸，编制切实可行的地基处理方案及边坡放坡方案，并编制边坡安全支护方案，严防开挖时发生边坡塌方安全事故。提前与市政有关部门进行沟通，确认开挖处有无其他管线。土建施工前的勘测如图 2–1 所示。

图 2–1 土建施工前的勘测

▶▶ 2.1.2 基础开挖

（1）基础开挖应清除地基土上垃圾、泥土等杂物，雨季施工时应做好防水及排水措施，不得有积水。土建施工前杂物清除如图 2–2 所示。

图 2–2　土建施工前杂物清除

（2）检查基坑中心桩、控制桩是否完好；检查基坑坑口的几何尺寸；核对地表土质、水情，并判断地下水位状态和相关管线走向。

（3）基坑一般宜采用人工分层分段均匀开挖，开挖时，根据不同的土质适当放边坡。按照设计施工要求，先降低基面后，再进行基坑的开挖，对于降低基面量较小的，可与基坑开挖同时完成。每开挖 1m 左右即应检查边坡的坡比，随时纠正偏差。

（4）开挖时，应尽量做到坑底平整。基坑挖好后，应及时进行下道工序的施工。如不能立即进行，应预留 150~300mm 的土层，在铺石灌浆时或基础施工前再进行开挖。坑底平整如图 2–3 所示。

（5）设备基础坑深应以设计施工基准面为准。设备基坑深度允许偏差为 –50~100mm ；同一基坑深度应在允许偏差范围内，并进行基础操平。岩石基坑不允许有负误差。挖土至设计图纸标高位 100mm 时，要注意不得超挖。实际坑深偏差超深 100mm 以上时，基坑底面应平整、夯实，现浇基础坑超深部分应采用铺石灌浆处理。

图 2-3 坑底平整

（6）如开挖中已到设计标高但仍未到老土层，则继续下挖至老土层或 600mm 深，然后用 3∶7 灰土换填至设计标高，各边外扩 350mm，基础周围用 2∶8 灰土回填。施工中应排除积水，清除淤泥，疏干坑底。混凝土垫层在基坑验槽后应立即浇注。混凝土垫层浇注如图 2-4 所示。

图 2-4 混凝土垫层浇注

▶▶ 2.1.3 基础制作

（1）砖、钢筋、水泥、掺和料应符合设计要求，有出厂合格证书。基础砌筑前应复测，确定方向后按设计要求进行砌筑。井口圈梁按图纸要求进行钢筋绑扎，砖砌时对砌砖应提前 1~2 天浇水湿润，对烧结普通砖使其含水率达 10%~15%；对灰砂砖、粉煤灰砖使其含水率达 5%~8%。圈梁模板应用托架稳固、模板应平直，支撑合理、稳固，便于拆卸。砌筑如图 2-5 所示。

图 2-5　砌筑

（2）基础应平整，外露部位贴瓷砖，规格、颜色与箱体配合协调。外墙宜安装沉降观测点，且安装高度统一离室外地 500mm。沉降观测点如图 2-6 所示。

▶▶ 2.1.4 设备安装工艺

（1）电缆通过电缆沟进入配电房等建筑物时，应采用防火墙进行隔断。防火隔断（墙）设置如图 2-7 所示。

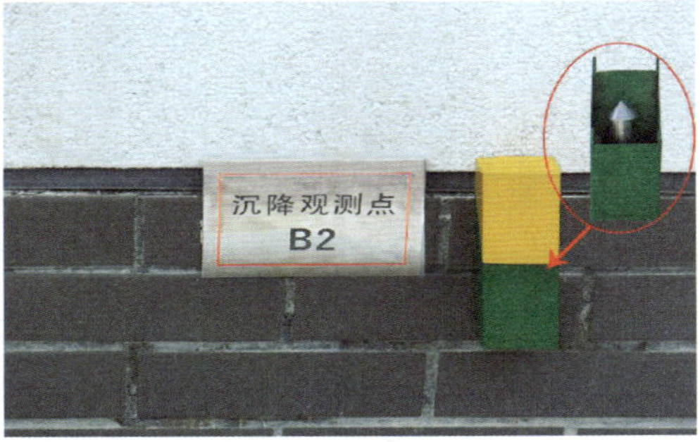

图 2-6　沉降观测点

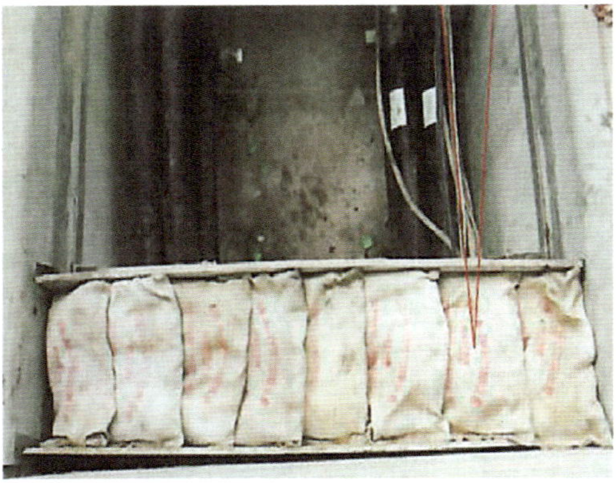

图 2-7　防火隔断（墙）设置

（2）电缆进入电屏的施工法适用于所有高低压开关柜、端子箱、控制保护屏等进行封堵。封堵完毕后，进入屏柜的电缆在电屏下，用防火涂料刷两遍，对 1~2 根控制电缆穿小孔，可不在洞两侧电缆涂刷防火涂料。电缆在洞孔附近沿电缆表皮涂刷防火涂料，涂刷长度 0.5m，厚度 1mm。电缆防火与阻燃平整光洁如图 2-8 所示。

图 2-8 电缆防火与阻燃平整光洁

（3）电力、控制电缆穿过预留好的钢（CPVC）管后，用防火堵料封堵两端电缆与预留管之间缝隙。在穿管两侧电缆上涂刷防火涂料后，涂料长度不小于 1.5m，涂刷 2~3 遍。

（4）地下室配电间顶部须做双层防水。

（5）门窗扇应向外开启，相邻房间门的开启方向应由高压向低压开启。开关站、配电室的高压配电室，宜设不能开启的自然采光高窗；低压配电室，应设能开启的自然采光窗并配纱窗，窗户下沿距室外地面高度不宜小于 1.8m，窗户外侧应装有不锈钢管状防盗栅栏；临街的一面不宜开窗。装有自然通风的百叶窗，百叶窗覆盖面大于 2:1，内侧应装有防止小动物进入的不锈钢菱形网，网孔不大于 5mm。所有门窗应采用非燃烧材料，如采用玻璃时，应使用双层中空玻璃。门窗采用非燃烧材料如图 2-9 所示。

图 2-9　门窗采用非燃烧材料

（6）配电间照明灯具采取吊装，吊装位置需避开设备正上方，高度不小于 2.7m。配电间轴流风机对侧墙的下方安装自关式单向风门，外口上加钢丝网。照明灯具安装规范如图 2-10 所示。

图 2-10　照明灯具安装规范

2.2 开关柜安装

▶▶ 2.2.1 开关柜安装检查

（1）开关柜包装及密封良好，规格、型号符合设计图纸要求和规定，产品的技术文件、出厂试验报告、说明书等资料齐全。

（2）开关柜外观无明显剐蹭损伤、无变形，无锈蚀和油漆脱落，柜面平整，柜面电流、电压表计、保护装置、操作按钮、门把手完好，内部电气元件固定无松动，配线整齐美观附件齐全，门销开闭灵活，照明装置完好，柜前后命名标识齐全、清晰，气室气压在允许范围内（气压检测装置显示正常），柜门标注的模拟接线图与开关柜内实际接线一致。

▶▶ 2.2.2 设备基础标准

（1）配电室（开关站）内基础平行预埋槽钢平行间距误差、单根槽钢平直度及平行槽钢整体平整度误差复测，核对槽钢预埋长度、排列与设计图纸是否相符，复查槽钢与接地网应可靠连接，防腐处理合格。误差复测如图 2-11 所示。

（2）基础预埋件及预留孔洞符合设计要求，基础型钢顶部宜高出抹平地面 10mm，基础槽钢不直度、水平度小于 1mm/m，全长、位置误差及不平行度小于 5mm。

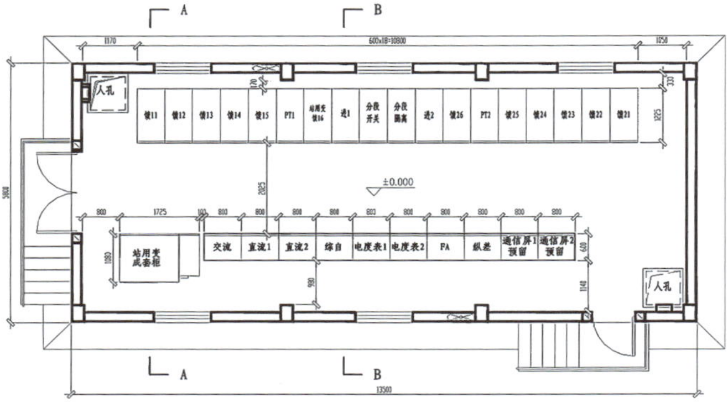

图 2–11 误差复测

▶▶ 2.2.3 开关柜就位

（1）开关柜运输就位时，装卸宜使用吊车或铲车，货车运输时应固定开关柜，采取防止柜体碰撞和翻倒的措施。开关柜进入配电室内就位时，宜使用铲车等机械移动，如人力调整就位宜使用滚筒、撬棍等，采取措施防止柜体翻倒、砸伤。室内设备布置如图 2–12 所示。

图 2–12 室内设备布置

（2）配电站房内设备吊装时，应使用绳索保护，在移动设备时不得使用撬杠等铁件直接撬动设备壳体。

（3）依据设计图纸核对每面开关柜，平行排列的柜体安装应以联络母线桥两侧柜体为准，保证两面柜就位正确，其他柜依次安装。柜体垂直度误差小于 1.5mm/m，相邻两柜顶部水平度误差小于 2mm，成列柜顶部水平误差小于 5mm；相邻两柜盘面误差小于 1mm，成列柜面盘面误差小于 5mm，相间接缝误差小于 2mm。开关柜就位符合规范，间隙满足要求，开关柜间隙如图 2-13 所示。

图 2-13　开关柜间隙

（4）开关柜以每列已组立好的第一面柜为齐，使用厂家专配并柜螺栓连接，调整好柜间缝隙后紧固底部连接螺栓和相邻柜连接螺栓。柜体底座与基础槽钢采用螺栓连接或焊接，连接牢固，接地良好。开关柜室内排列如图 2-14 所示。

（5）手车推拉应轻便不摆动，手车轨道灵活、无卡阻，手动操动机构动作灵活、可靠。柜体底座与基础槽钢采用螺栓连接或焊接，连接牢固接地良好。柜内应分别设置接地母线排和等电位屏蔽母线排，接地排大小配置规范，应有两处明显的与接地网可靠连接点。柜体及一次元件的接地线应引至接地网，高、低压柜可开启门与框架应采用软连接。开关柜机构如图 2-15 所示。

图 2-14　开关柜室内排列

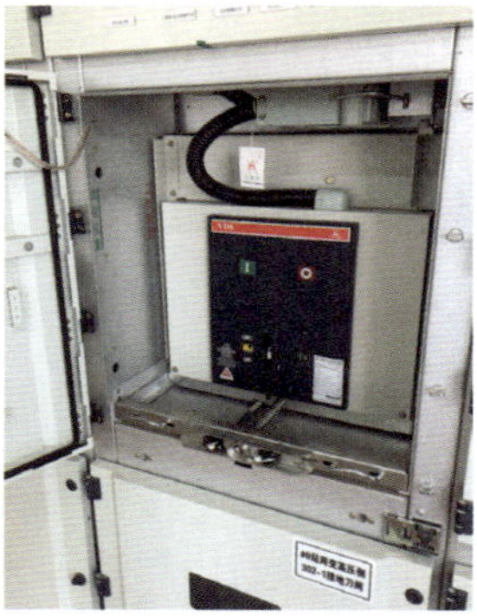

图 2-15　开关柜机构

▶▶ 2.2.4　柜内设备安装

（1）柜内母线安装时，应检查柜内支持式或悬挂式绝缘子安装方向是否正确，动、静触头位置正确，接触紧密，插入深度符合要求。柜内母线平置时，贯穿螺栓应由下往上穿，螺母应在上方；其余情况下，螺母应置于维护侧，连接螺栓长度宜露出螺母 2~3 扣。

（2）螺栓直径按小于连接孔 1~1.5mm 尺寸选择，绝不允许超过螺栓本身直径或缩进螺母内，螺栓的两侧都要有相应平垫片，平垫片的光洁表面朝外，相邻螺栓的垫圈应有 3 mm 以上的净距，以防止引起发热，螺母侧要加“两平一弹”垫片。

（3）户外引入设备接线箱的电缆应有保护和固定措施，采用与电缆匹配的固定夹具；进入环网单元的三芯电缆用电缆卡箍固定在高压套管的正下方，电缆从基础下进入环网单元时应有足够的弯曲半径，能够垂直进入，电缆各相线芯应垂直对称。电缆保护和固定如图 2-16 所示。

图 2-16　电缆保护和固定

►► 2.2.5　开关柜接地及封堵

（1）柜体、互感器外壳、底座可靠接地，每个电气装置的接地应分别接入接地汇流排或与接地干线相连接。严禁在一个接地线中串接几个电气装置的接地线。不同间隔的电缆接地如图 2–17 所示。

图 2–17　不同间隔的电缆接地线

（2）封堵开关柜底部时应严实可靠，不应有明显的裂缝和可见的孔隙，孔洞较大者应加防火板后再进行封堵。柜底部封堵严实如图 2–18 所示。

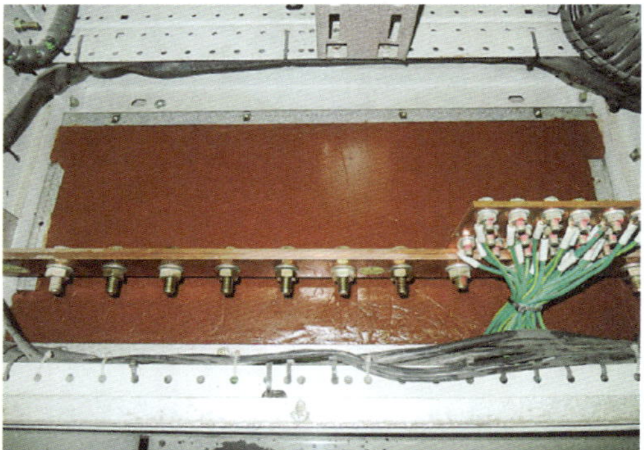

图 2–18　柜底部封堵

▶▶ 2.2.6 开关柜回路图及调试

（1）开关柜门内侧标出主回路的线路图、一次接线图，注明操作程序和注意事项。

（2）按照交接试验标准进行机械特性测试、绝缘试验、工频耐压试验、继电保护装置整定试验、主回路电阻测量及接地电阻测量、断路器远方遥控试验以及遥信、遥测等试验。

2.3 变压器安装

▶▶ 2.3.1 安装前检查

（1）检查变压器应装有铭牌。铭牌上应注明制造厂名、额定容量，一、二次额定电压，电流，阻抗电压及接线组别等技术数据。变压器的容量，规格及型号必须符合设计要求。附件、备件齐全，并有出厂合格证及技术文件。变压器铭牌如图 2–19 所示。

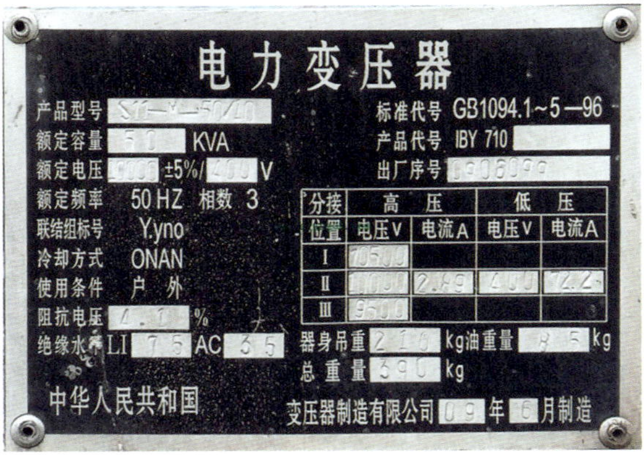

图 2–19　变压器铭牌

（2）检查本体外观无损伤及变形，油漆完好无损伤，油箱封闭良好，有无漏油、渗油现象，油标处油面是否正常，绝缘瓷件及环氧树脂铸件有无损伤、缺陷及裂纹。

▶▶ 2.3.2 变压器二次搬运

（1）变压器二次搬运应由起重工作业，电工配合。最好采用汽车吊吊装，也可采用吊链吊装，距离较长最好用汽车运输，运输时必须用钢丝绳固定牢固，并应行车平稳，尽量减少震动；距离较短且道路良好时，可用卷扬机、滚杠运输。

（2）变压器吊装时，索具必须检查合格，钢丝绳必须挂在油箱的吊钩上，上盘的吊环仅作吊芯用，不得用此吊环吊装整台变压器

（3）变压器搬运时，应注意保护绝缘子，最好用木箱或纸箱将高低压绝缘子罩住，使其不受损伤。搬运过程中；不应有冲击或严重震动情况，利用机械牵引时，牵引的着力点应在变压器重心以下，以防倾斜，运输倾斜角不得超过 15°，防止内部结构变形。

▶▶ 2.3.3 变压器就位

（1）变压器就位可用汽车吊直接甩进变压器室内，或用道木搭设临时轨道，用三步搭、吊链吊至临时轨道上，然后用吊练拉入室内合适位置，并采取措施防止变压器翻倒、砸伤。

（2）变压器就位时，应注意其方位和距墙尺寸应与图纸相符，允许误差为 ±25mm，图纸无标注时，纵向按轨道定位，横向距离不得小于 800mm，距门不得小于 1000mm，并适当照顾屋内吊链的垂线位于变压器中心，以便于吊芯。

（3）变压器基础的轨道应水平，轨距与轮距应匹配，装有气体继电器的变压器，应使其顶盖沿气体继电器气流方向有 1%~1.5% 的升高坡度（制造厂规定不需安装坡度者除外）。

（4）变压器宽面推进时，低压侧应向外；窄面推进时，储油柜侧一般应向外。在装有断路器的情况下，操作方向应留有1200mm以上的宽度。

（5）油浸变压器的安装，应考虑能在带电的情况下，便于检查储油柜和套管中的油位、上层油温、气体继电器等。

（6）装有滚轮的变压器，滚轮应能转动灵活，在变压器就位后，应将滚轮用能拆卸的制动装置加以固定。

►► 2.3.4 变压器附件安装

（1）气体继电器安装前应经检验鉴定。应水平安装，观察窗应装在便于检查的一侧，箭头方向应指向储油柜，与连通管的连接应密封良好。截油阀应位于储油柜和气体继电器之间。打开放气嘴，放出空气，直到有油溢出时将放气嘴关上，以免有空气使继电保护器误动作。当操作电源为直流时，必须将电源正极接到水银侧的接点上，以免接点断开时产生飞弧。

（2）事故喷油管的安装方位，应注意到事故排油时不致危及其他电器设备；喷油管口应换为割划有“十”字线的玻璃，以便发生故障时气流能顺利冲破玻璃。

（3）防潮呼吸器安装前，应检查硅胶是否失效，如已失效，应在115~120℃温度烘烤8h，使其复原或更新。浅蓝色硅胶变为浅红色，即已失效；白色硅胶，不加鉴定一律烘烤。防潮呼吸器安装时，必须将呼吸器盖子上橡皮垫去掉，使其通畅，并在下方隔离器具中装适量变压器油，起滤尘作用。

（4）套管温度计安装，应直接安装在变压器上盖的预留孔内，并在孔内加以适当变压器油。刻度方向应便于检查。

（5）电接点温度计安装前应进行校验，油浸变压器一次元件应安装在变压器顶盖上的温度计套筒内，并加适当变压器油；二次仪表挂在变压器一侧的预留板上。干式变压器一次元件应按厂家说明书位置安装，二次仪表安装在便于观测的变压器护网栏上。软管不得有压扁或死弯弯曲半径不得小于50mm，剩余部分应盘圈并固定在温度计附近。

（6）干式变压器的电阻温度计，一次元件应预埋在变压器内，二次仪表应安装值班室或操作台上，导线应符合仪表要求，并加以适当的附加电阻校验调试后方可使用。

（7）变压器电压切换装置各分接点与线圈的联线应紧固正确，且接触紧密良好。转动点应正确停留在各个位置上，并与指示位置一致。电压切换装置的拉杆、分接头的凸轮、小轴销子等应完整无损；转动盘应动作灵活，密封良好。电压切换装置的传动机构（包括有载调压装置）的固定应牢靠，传动机构的摩擦部分应有足够的润滑油。

▶▶ 2.3.5　变压器引线安装

（1）变压器一、二次引线施工不应使变压器的套管直接承受应力。工作零线与中性点接地线应分别敷设，工作零线宜用绝缘导线。变压器中性点的接地回路中，靠近变压器处，宜做一个可拆卸的连接点。

（2）变压器附件的控制导线应采用具有耐油性能的绝缘导线。靠近箱壁的导线应用金属软管保护，并排列整齐。接线盒应密封良好。

（3）变压器低压端主母排平置时，贯穿螺栓应由下往上穿，螺母应在上方；其余情况下，螺母应置于维护侧，连接螺栓长度宜露出螺母 2~3 扣。母排接头螺栓紧固如图 2–20 所示。

图 2–20　母排接头螺栓紧固

（4）引出线绝缘良好，包扎紧固无破裂情况，引出线固定应牢固可靠，引出线固定支架应紧固，引出线与套管连接牢靠，接触良好紧密，引出线接线正确。10kV 高压电缆终端连接可靠如图 2–21 所示。

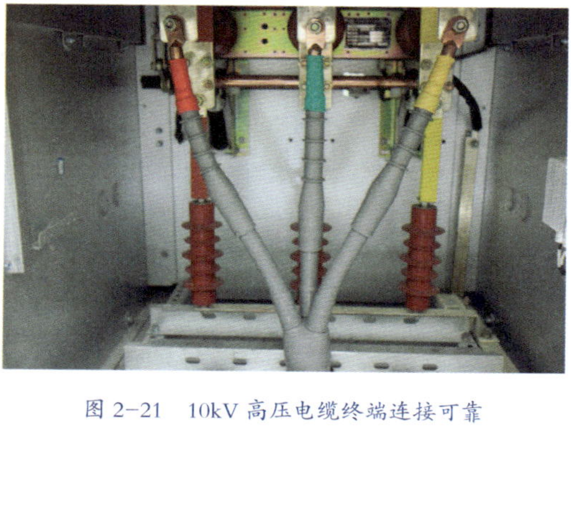

图 2–21　10kV 高压电缆终端连接可靠

▶▶ 2.3.6 变压器试验

变压器绕组连同套管的直流电阻、直流泄漏电流以及高低压绕组相对相、相对地、高低压绕组间的绝缘电阻等各种交接试验单据齐全，数据合格。

2.4 保护装置及二次线安装

▶▶ 2.4.1 二次电缆剖切及接线

（1）进行二次配线连接时，核对电缆型号必须符合设计。电缆剥除时不得损伤电缆芯线。

（2）每个接线端子每侧接线宜为 1 根，不得超过 2 根。芯线接线应准确、连接可靠，柜内导线不应有接头，导线与电气元件间连接牢固可靠。二次接线规范如图 2–22 所示。

图 2–22 二次接线规范

（3）开关柜内二次接线可靠，绝缘良好。二次导线的固定应牢固可靠，不应采用按压粘贴的固定方式。柜内配线电流回路应采用电压不低于 500V 的铜芯绝缘导线，其截面积不应小于 2.5mm^2；其他回路截面积不应小于 1.5mm^2。

（4）连接门上的电器等可动部位的导线应采用多股软导线，敷设长度应有适当裕度；线束应有外套，塑料管等加强绝缘层；与电器连接时，端部应绞紧，并应加终端附件或搪锡，不得松散、断股；在可动部位两端应用卡子固定。

（5）强、弱电回路，双重化回路，交直流回路不应使用同一根电缆，并应分别成束分开排列。互感器二次回路接地端应接至等电位屏蔽铜排。

▶▶ 2.4.2　二次接线标识

（1）每一根芯线接入端子前应有完整的标识，正面写电缆号及回路编号，侧面写所在位置端子号。芯线标识应用线号机打印，并清晰完整，不能手写。

（2）电缆号牌、芯线和所配导线的端部的回路编号应正确，字迹清晰且不易褪色。

（3）芯线号码管长度一致，字体向外。芯线号码管如图 2–23 所示。

▶▶ 2.4.3　二次线排列及绑扎

（1）电缆排列整齐，编号清晰，无交叉，固定牢固，不得使所接的端子排受到机械应力。电缆排列整齐如图 2–24 所示。

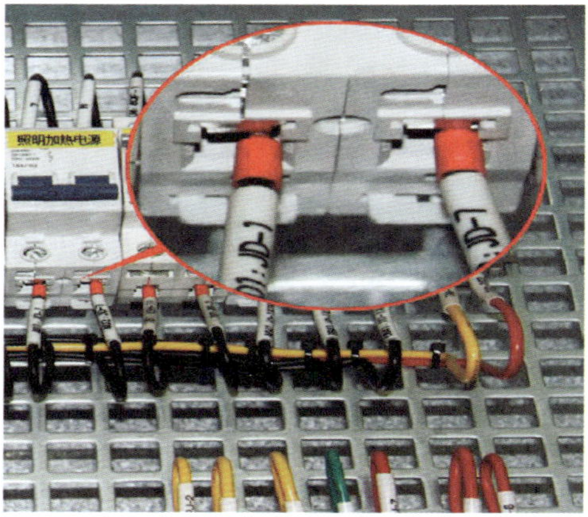

图 2-23　芯线号码管

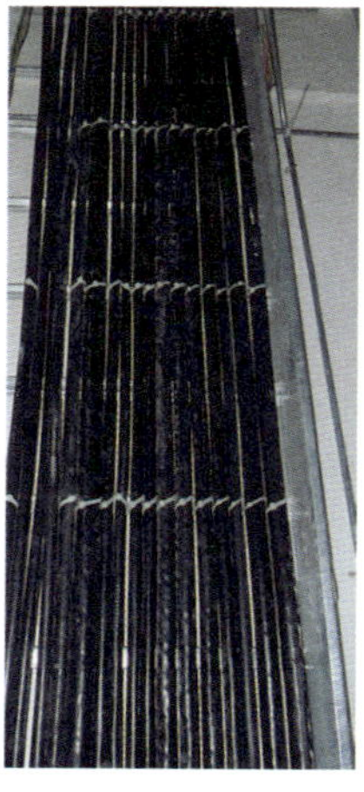

图 2-24　电缆排列整齐

（2）芯线按垂直或水平有规律的配置，排列整齐、清晰、美观，回路编号正确，绝缘良好，无损伤。芯线绑扎扎带头间距统一、美观。二次接线排列如图 2-25 所示。

图 2-25　二次接线排列

（3）直线型接线方式应保证直线段水平，间距一致；S 形接线方式应保证 S 弯弧度一致。

2.5 开关站、配电室接地装置安装

▶▶ 2.5.1 接地网安装

（1）开关站、配电室接地网一般采用水平和垂直接地的混合接地网，垂直接地体长 2.5m 垂直打入地中，间距按大于 5m 布置，用扁铁水平连接。

（2）配电房新建，土建施工时接地网一次施工完成，在配电室四面墙高 250~300mm 的地方围一圈镀锌扁铁（也可沿墙脚地面暗敷），接地网形成后，实测电阻小于 4Ω，否则应扩大地网直至合格。

▶▶ 2.5.2 接地扁铁（钢）焊接及防腐

（1）接地扁铁和电缆支架必需热镀锌，焊接点需刷红丹防锈漆两遍，再刷调和漆两遍。在防腐处理前，表面必须除锈并去掉焊接处残留的焊药。

（2）当采用热熔焊时，应注意熔接模具的防潮，每首次使用前用喷灯予以驱除潮气，接地线夹入模腔应紧密。

（3）电缆支架和接地引线应与接地网可靠焊接，接地体连接处应焊接，外漏部分应刷漆。明敷接地线（接地排）应在每个区段或者可接触到的地方，表面涂以用 100mm 宽度相等的绿色和黄色相间的条纹。接地引线与接地网可靠焊接如图 2-26 所示。

图 2-26　接地引线与接地网可靠焊接

（4）接地扁钢与钢管、扁钢与角钢焊接时，除了在其接触部位两侧进行焊接外，还应焊以由钢带弯曲成的弧形或直角形卡子或直接由钢带本身弯成弧形或直角形，再与钢管或角钢焊接。接地体引出线的垂直部分和接地装置焊接部分应作防腐处理。接地线在穿过墙壁、楼板和地坪处应加装钢管或其他坚固的保护套，有化学腐蚀的部位还应采取防腐措施。防腐措施如图 2-27 所示。

图 2-27　防腐措施

▶▶ 2.5.3　接地线（体）型号选择

（1）接地导线导体截面的选择应满足规划载流量和通过系统

最大短路电流时热稳定的要求。接地线沿建筑物墙壁水平安装时，离地面距离宜为250~300mm，接地线与墙壁间的间隙宜为10~15mm。

（2）接地扁钢搭接长度为其宽度的2倍，且至少3个棱边焊接。圆钢搭接长度为其直径6倍，圆钢扁钢焊接时，搭接长度为圆钢直径6倍。扁钢与角钢焊接时，搭接长度为其宽度的2倍，四面焊接。

▶▶ 2.5.4 建筑物接地体安装

（1）在接地线引向建筑物入口处和在检修用临时接地点处，均应刷白色底漆并标以接地符号。终端接地线应用接线端子直接与接地排相连，接地箱内需标好相色。箱体与支架接地良好，接地干线应与接地网直接相连。

（2）接地体应按垂直或水平安装，亦可与建筑物倾斜结构平行安装，在直线段上不应有高低起伏及弯曲等状况，安装位置不应妨碍设备的拆卸和检修。接地线跨越建筑物伸缩缝、沉降缝处时，应设补偿器，补偿器可用接地线本身完成弧状代替。接地体水平安装规范如图2–28所示。

图 2–28 接地体水平安装规范

▶▶ 2.5.5 电气设备接地

（1）接地线材料宜采用铜排、镀锌扁钢和软铜线，接地铜排两端搭接面应搪锡。接地引线与设备本体采用螺栓搭接，搭接面紧密。机构箱可开启门应用 4mm^2 软铜导线可靠连接接地。机构箱箱体接地线连接点应连接在最靠近接地体侧。

（2）每个电气装置的接地应以单独的接地线与接地干线相连，不得在一个接地线中串接几个需要接地的电气装置，接地线的接线端子宜采用压接方式。接地线应有明显的接地标识。

（3）同类设备的接地接地线位置一致，方向一致。接地引线地面以上部分应采用黄绿接地漆标识，接地漆的间隔宽度、顺序一致，接地标识宽度为 100mm。接地引线黄绿接地漆标识如图 2–29 所示。

图 2–29　接地引线黄绿接地漆标识

2.6 开关站、配电室标识

（1）将国网标识牌及字体底图粘贴在标志墙上；固定标识牌和字体，局部调整，使其标识牌和字体端正，铝塑板粘贴牢固后撕去保护膜，图标、字体粘贴紧密，与复合铝塑板间无缝隙；图标、字体粘贴方正，位置正确，无偏差；图标、字体周边清洁。设备名称标识及警示牌规范如图 2–30 所示。

图 2–30　设备名称标识及警示牌规范

（2）将图标（字）背面均匀涂胶后，与铝塑板紧密粘贴，用美纹纸在图标（字）面上进行压贴，待图标（字）粘贴牢固后清除美纹纸及多余胶液。

（3）接地标识。接地线露出地面扁钢应喷刷（或粘贴）有 100mm 宽度相等的绿色和黄色相间的条纹，接地线标识牌固定在地线接地端线夹上或墙面接地桩上部。接地标识如图 2–31 所示。

图 2–31　接地标识

（4）开关柜间隔名称标识牌，间隔名称标识牌贴在间隔设备的醒目位置。开关柜间隔名称标识如图 2–32 所示。

图 2–32　开关柜间隔名称标识

（5）设备柜体上应粘贴（喷涂）设备名称、“止步”“高压危险”等警示牌。